DES INDICATIONS

DU

TRAITEMENT

PAR L'EAU SULFUREUSE

D'ALLEVARD

PAR LE DOCTEUR

A. NIEPCE Fils

MÉDECIN CONSULTANT A ALLEVARD

EN HIVER A NICE

Membre titulaire de la Société de médecine et de climatologie
de Nice, de la Société des sciences, lettres et arts de Nice, de
la Société météorologique de France, Membre correspondant
de la Société nationale de médecine de Lyon, de la Société
des sciences médicales de la même ville, de la Société
d'hydrologie médicale de Paris, de l'Association scientifique
de France et de l'Association française pour l'avancement
des sciences.

GRENOBLE

TYPOGRAPHIE ET LITHOGRAPHIE MAISONVILLE ET FILS,
Rue du Quai, 8.

1881

OUVRAGES DU MÊME AUTEUR

DES INDICATIONS

DU

TRAITEMENT

PAR L'EAU SULFUREUSE

D'ALLEVARD

PAR LE DOCTEUR

A. NIEPCE Fils

MÉDECIN CONSULTANT A ALLEVARD

EN HIVER A NICE

Membre titulaire de la Société de médecine et de climatologie de Nice, de la Société des sciences, lettres et arts de Nice, de la Société météorologique de France. Membre correspondant de la Société nationale de médecine de Lyon, de la Société des sciences médicales de la même ville, de la Société d'hydrologie médicale de Paris, de l'Association scientifique de France et de l'Association française pour l'avancement des sciences.

GRENOBLE

TYPOGRAPHIE ET LITHOGRAPHIE MAISONVILLE ET FILS.

Rue du Quai, 8.

1881

DES

INDICATIONS du TRAITEMENT

PAR

L'EAU SULFUREUSE D'ALLEVARD

La renommée de plus en plus grande,
les succès nombreux et incontestés de la
cure thermale à Allevard, dans les affections des voies respiratoires, des muqueuses, des os, de la peau, etc., ont
déjà assez retenti au loin, pour que ces
eaux aient définitivement pris une des
premières places parmi les stations ther-
males.

L'étude de ces eaux a été faite d'une
façon complète par le docteur Niepce,
mon père, qui peut être regardé comme
leur véritable fondateur. De nombreux
mémoires ont été écrits également, et
ont tous contribué à donner à notre sta-
tion un éclat et une vogue croissants d'année en année. Cependant nous avons cru

bon de payer notre tribut à Allevard, lui consacrant le fruit de notre expérience de plusieurs années de pratique médicale, et en faisant plus particulièrement l'étude de quelques points sur lesquels nous désirons jeter un nouveau jour, et attirer l'attention du monde médical.

TOPOGRAPHIE. — CLIMAT.

Allevard est une petite ville de 3,000 âmes, à l'extrémité Est du département de l'Isère, près de la frontière du département de la Savoie. Il est situé sur les deux rives du torrent le Bréda, qui descend de la grande Chaîne des Alpes, et va se jeter dans l'Isère. La vallée d'Allevard s'ouvre du S. au N. dans un site aussi riant que pittoresque. C'est la vallée des Alpes Dauphinoises, *dit M. Joanne, dans son guide au Dauphiné*, qui ressemble le plus aux vallées les plus célèbres de la Suisse. Tout ce qui peut charmer les yeux s'y trouve réuni : eaux abondantes et pures, prairies touffues, forêts variées, rochers escarpés, sauvages, pittoresques, neiges éblouissantes, glaces éternelles. De quelque côté que l'on tourne ses regards, on découvre un charmant paysage ou un grand tableau : au N. O., Brame-Farine (1224ᵐ), au S. E., le Collet, Montmayen, le Grand-Charnier, et le Gleysin avec son glacier : au S. O., le col du Barioz, la Taillat avec son immense forêt de sapins, et ses riches mines de fer, exploitées aujourd'hui par la Compagnie du Creusot : au N., la colline de Sainte-Marguerite qui forme la frontière de la Savoie, et au loin les montagnes des Beauges.

Depuis ces dernières années, Allevard a pris une grande et rapide extension. Notre petite ville semble se hâter de se venger des assertions calomnieuses que M. Joanne n'avait pas craint de répandre sur son compte. L'intelligente municipalité a su faire le meilleur emploi de l'or apporté par lès étrangers ; des travaux d'embellissement ont totalement changé l'aspect de la ville : les maisons ont refait leur toitette, leurs façades se sont soumises aux plans d'alignement ; des fontaines d'eau vive sont venues répandre la propreté et la salubrité ; le gaz vient depuis cet hiver ajouter ses lumières, et faire d'Allevard une ville d'eaux qui ne le cédera en rien à celles qui l'ont précédée dans cette voie du progrès. Il est donc temps de relever les erreurs et les griefs qu'on avait laissé répandre sur notre pays. Naguère encore on parlait de crètins et de goîtreux ;

mais c'est à peine si l'on en trouverait en ce moment un ou deux spécimens ; et leur vue loin d'attrister les étrangers, comme on s'est plû à le dire, passe inaperçue ; non seulement ils n'assiègent pas la porte de l'établissement, mais la municipalité en prenant soin de leur existence, les tient éloignés des regards.

Le climat de la vallée du Bréda est très salubre ; l'hiver n'y est pas plus précoce qu'à Grenoble ou à Chambéry, et les brouillards, y sont presque inconnus, la vigne, le chanvre, le maïs croissent dans toute la vallée, et dans les jardins, le figuier et le grenadier résistent aux gelées. Ces circonstances tiennent à l'altitude moyenne de la vallée, et à l'abri que forme la ceinture de montagnes qui l'entourent. Allevard est situé à 465 m. 44 (seuil de l'église) ; cette altitude place Allevard parmi les eaux sulfureuses les moins élevées, et constitue une des conditions les plus favorables pour la cure thermale, eu égard aux affections des voies respiratoires qui viennent y chercher la guérison, alors que toutes les autres stations similaires ou rivales des Py-

rénéés ou de l'Auvergne sont situées
à des altitudes beaucoup plus élevées.
Barèges, par exemple est située à 1,300
mètres, le Mont-Dore à 1040, Cauterets à
932, Bonne à 800, Labassère à 780, St-
Sauveur à 720, Luchon à 630. On conçoit, sans peine, que dans ces contrées
élevées; le climat doit être plus rude,
plus inégal, et le temps favorable à la
cure beaucoup plus limité ; c'est à peine
si la belle saison comprend deux mois
(juillet et août) dans ces stations, et il
arrive fort souvent qu'au Mont-Dore, en
particulier, le froid, la neige et les brouillards, viennent soudain en chasser les
étrangers dès la fin d'août. Outre la variations inhérentes à ces climats, il faut
aussi tenir compte de la pression atmos-
phérique qui est beaucoup diminuée, et
dont les effets sont souvent préjudi-
ciables aux affections pulmonaires, en
prédisposant aux hémoptysies, à la
dyspnée, et peuvent être comparés à ceux
qui se produisent chez l'homme sain
lorsqu'il se trouve sur de hauts som-
mets, ou plongé dans une atmosphère
raréfiée. Il est donc bien évident que des
malades ne supportent pas sans inconvé-

nient, sinon sans péril, des conditions climatériques semblables, d'une part la diminution de pression, d'autre part les extrêmes et brusques variations de la température qui résultent de l'altitude.

Résumé des principaux éléments du climat pendant la saison d'été (juin, juillet, août).

Pression barométrique moyenne annuelle.....................	716mm 01	
Pression barométrique moyenne (été).......................	722mm 04	
Oscillaton barométrique (écart entre le minimum et le maximum).....................	14	07
Température moyenne de l'été...	18	08
Humidité relative moyenne......	63	70
Évaporation moyenne...........	2	53
Hauteur de pluie moyenne (été)..	333	08
Jours de pluie (moyenne).......	35	»

Les chiffres consignés dans ce tableau sont extraits des registres des observations relevées trois fois par jour, en hiver par les soins dévoués de M. Escoffier, instituteur, et en été par nous-même.

Ces observations sont faites du reste avec une rigoureuse exactitude, à l'aide d'instruments donnés gracieusement par la Commission météorologique de l'Isère, et placés sous l'abri, modèle de Moutsouris, dans le grand parc de l'établissement.

Ce résumé comprend toute la série des observations recueillies pendant quatre années consécutives (1877-1880) ; mais nous ne faisons figurer ici que celles de l'été, les autres n'ayant pas d'intérêt pour les malades.

En reprenant les données du tableau ci-dessus, nous voyons que l'oscillation barométrique pendant les trois mois de l'été, c'est-à-dire, la différence entre les pressions extrêmes est seulement de $14^{mm}7$. Ce signe prouve déjà que ces variations sont faibles.

La température moyenne ($18°\ 08$) est éminemment favorable aux malades qui viennent faire une cure thermale et est surtout remarquable par son uniformité, et son défaut de variations brusques. En comparant cette moyenne à celle des grandes villes voisines, Lyon, Paris, etc. nous voyons qu'Allevard se rapproche beaucoup de Paris, dont la température moyenne de l'été est peu différente ; tandis qu'à Lyon celle-ci est supérieure de plus

d'un degré (19°25) mais un caractère qui
domine dans le climat de ces villes, c'est
la variabilité ; le thermomètre monte
beaucoup plus haut qu'à Allevard, et a
atteint, ainsi qu'on l'a noté le 25 juillet
1880 à Lyon, 35°7, à l'Observatoire du
Parc de la Tête d'Or, et le 17 juillet 1880
à Paris 34°0, (observatoire de Saint-
Maur). Et notons que ces dernières températures ont été prises à la campagne sur
des terrains gazonnés ; la température a
dû être encore supérieure de 2 à 3° dans
l'intérieur de ces villes, où le rayonne-
ment et mille autres causes contribuent à
l'augmenter. A Allevard le maximum de
la température ne dépasse pas 30° et ce fait
ne se reproduit guère qu'une fois ou
deux en juillet et août.

L'humidité relative moyenne est de 63°
70 pour 100. Nous sommes bien loin de
cette excessive humidité dont on fait un
grief si grave contre Allevard ! C'est-à-dire
que ce chiffre est voisin de la moyenne
normale de la vapeur d'eau contenue dans
l'atmosphère dans les lieux les plus clairs
et les moins humides. Nous ne saurions
donc trop réagir contre ce préjugé, et
cette manière de condamner sans témoin,

et sans preuve ! Du reste, les observations
prises avec l'atmomètre Piche, peuvent
jusqu'à un certain point faire la contre-
épreuve et nous donnent comme évapora-
tion moyenne 2 ^{mn} 53, notre atmosphère
est donc loin d'être saturée. Le nombre de
jours de pluie ne saurait infirmer cette
assertion, attendu que ce ne sont pas des
jours entiers, mais des fractions de jour
pendant lesquelles il a plu. Nous devons
ajouter que les pluies durent peu, mais
sont abondantes. Ce phénomène tient tant
à l'altitude, qu'à la position d'Allevard
au millieu des hautes montagnes.

Les vents sont très-rares à Allevard ;
seules quelques brises se font sentir le
soir, et tempèrent agréablement par une
douce sensation de fraîcheur.

En un mot, et pour nous résumer, nous
dirons que notre climat est doux, tem-
péré, exempt de brusques variations,
peu humide, et pas venteux.

Ces qualités bien précieuses ne sont
pas les seules qui doivent assurer la vogue
de nos eaux ; la proximité du chemin
de fer, et des grands centres, est encore
un des arguments les plus décisifs en
faveur du choix de nos eaux. Un trajet

d'une heure en omnibus, nous sépare de la ligne ferrée, et permet de venir à Allevard en 14 heures de Paris, en 12 heures de Marseille, en 5 heures de Lyon, alors que les Pyrénées et l'Auvergne ne sont encore accessibles qu'au moyen de ces véhicules légendaires qu'on appelle *diligences* par antiphrase et qui cahotent pendant une longue série d'heures des malades déjà fortement éprouvés par le trajet du chemin de fer.

Aussi l'établissement d'Allevard, ouvert dès le 1er juin, fonctionne encore à la fin de Septembre, alors que tous ceux des Pyrénées et de l'Auvergne sont déjà fermés depuis un mois. Du reste nous ne saurions trop insister sur l'opportunité d'une cure thermale en Septembre ; c'est en général un très-beau mois, moins chaud que les précédents ; les hôtels sont moins envahis ; les prix sont plus modérés, et à tous les points de vue, les malades peuvent retirer un bien plus grand profit de leur séjour pendant cette dernière époque.

DESCRIPTION GÉNÉRALE DU PAYS.

De beaux hôtels bien aménagés, dit
M. Niepce, inspecteur, dans son guide à
Allevard (1), des maisons particulières,
parfaitement tenues, présentent aux
Etrangers des logements confortables.
Le grand hôtel des Bains, celui de
l'Univers, annexe du premier, situés à
l'établissement thermal même, donnent
tous les avantages de confort, de situa-
tion et de vue sur les belles montagnes
de la vallée. Le grand hôtel construit
dans les jardins de l'Etablissement, en
face du bâtiment thermal, est remarquable par la belle galerie à arcades du
rez-de-chaussée, précédée d'une vaste et
magnifique véranda vitrée, dont une
moitié forme un délicieux restaurant en
plein air et dont l'autre sert de salle de
café. Cette véranda si gracieuse a été
construite sur les plans du nouveau
directeur de l'établissement thermal,
M. Marius Porte, qui, comprenant la

---

(1) Guide de l'étranger et du baigneur aux
Eaux d'Allevard, Grenoble 1880.

nécessité de procurer aux Étrangers
tous les agréments, toutes les distrac-
tions possibles, voulant réunir l'utile et
l'agréable et rendre le séjour d'Allevard
favorable aux nombreux malades et aux
touristes qui s'y rendent chaque année,
a fait construire un Casino renfermant
une jolie salle de théâtre, des salons de
lecture et de jeux. Il a conservé à l'hôtel
son vaste salon de fêtes. Les plafonds
des salles à manger et du théâtre ont été
peints par des artistes Italiens fort ha-
biles.

En face de l'établissement thermal, de
son hôtel et de son casino, un parc gracieux, vaste et planté de grands arbres,
étale ses frais ombrages et ses sites admi-
rables. Deux beaux hôtels se remarquent
aux extrémités de ce parc : l'hôtel du
Louvre et de la Planta, propriété de
M. Berthet, renferme de vastes et confortables appartements ; la vue et le pano-
rama qui s'étendent et se déroulent sur
la vallée de la Haute-Savoie et se pro-
longent à plus de 80 kilomètres. Près
de là et du chalet du comte de Montessuy,
on a construit le nouveau et vaste hôtel
du Parc qui, comme les précédents, est

très recherché des riches Etrangers ; sa belle terrasse domine le parc et la vue s'étend sur le pic du Grand-Charnier, situé en face ; la vue dont on jouit de ces hôtels est splendide et grandiose, elle s'étend sur tout le prolongement de la vallée d'Allevard et se termine sur les montagnes vaporeuses et les pics déchiquetés de la Haute-Savoie. Ces hôtels rivalisent par l'élégance de leurs logements confortablement meublés.

Plusieurs hôtels ont été récemment construits dans Allevard. L'hôtel de la Terrasse prend son nom de la vaste et élégante terrasse qui se développe sur les bords du torrent. Cet hôtel a quatre étages ; sa construction est bien entendue et ses logements sont convenables, propres et bien distribués. Sa position est admirable, ravissante, unique, et faite pour vous étonner. La singularité de ce point de vue vient sans doute des contrastes par lesquels passe le spectateur et qui l'impressionnent plus ou moins vivement. On quitte une rue triste et silencieuse, on arrive devant la façade de ce bel hôtel, et dès que l'on pénètre dans le vestibule, le tumulte des flots

qui se brisent d'une roche à l'autre
commence à couvrir votre voix, et lorsqu'on s'avance sur la terrasse, celui qui
vous conduit vous abandonne aux sen-
sations que fait naître la vue bizarre et
accidentée du paysage le plus étourdis-
sant qui se puisse rencontrer. La seule
chose qu'on ait à faire, c'est de regarder
et d'admirer.

A droite, le torrent qui vient du fond
de la gorge passe sous le pont suspendu
du château, glisse rapide et tumultueux
au milieu des frais ombrages du parc,
et se précipite en en sortant par une large
nappe dont la masse brisée en cascade
sur les roches que les flots ont roulées,
bouillonne dans ce lit rocailleux comme
une rivière de perles cristallines.

En face, c'est un groupe de pauvres
et misérables moulins avec leurs toits
moussus dont les couleurs chatoyantes
se relèvent sur la teinte sévère de l'ar-
doise comme pour en égayer la tristesse.
C'est le dérivé du torrent dans sa longue
caisse de bois qui, avant d'atteindre les
orifices de ces usines, fait jaillir, par les
fissures des planches de ce conduit, mille
gerbes de cristal dont les reflets scintil-

lants animent et vivifient les dessins des
charpentes humides groupées sur un
cahos de rochers. Au-delà, ce sont les
pentes étagées de la montagne où se
croisent et s'harmonisent les lignes on-
duleuses de la plus belle végétation,
interrompue çà et là par des tapis de
verdure éclatante de fraîcheur. A gauche,
sont les ruines du pont détruit par l'inon-
dation de 1849, sur lesquelles on voit
fuir le torrent qui, dans ce lieu, alimente
des moulins, des usines, dont le bruit
se perd dans le tumulte des flots mille
fois brisés. Le fond du paysage est non
moins grandiose. La montagne de Brame-
Farine avec ses pentes boisées, la tour
du Treuil, la hameau du Glapigneul avec
ses maisons blanches qui se cachent
sous l'ombrage des arbres à fruits ; plus
loin, le crêt de Sainte-Marguerite, et,
dans le fond du tableau, les pics déchiquetés de la Savoie forment un point de
vue incomparable.

Chacun ici comprend à sa manière
l'ensemble et les détails de ce tableau,
dont la variété intéresse et surprend tous
les visiteurs. L'un y admire la beauté de
la cascade et le bruit de son onde écu-

meuse ; l'autre s'extasie de la vigueur des plantations du parc du château et de la fraîcheur incomparable de ses arbres séculaires. Les accidents nombreux des roches, des fabriques et de l'eau promettent au dessinateur des croquis ravissants et une des plus jolies pages de la nature pittoresque.

Le bruit des chutes d'eau, dont le mugissement monotone et continu fait rêver, amène dans l'âme une quiétude inconnue qui entoure ce lieu d'un charme indicible. Ceux qui se laissent facilement aller à la pente mélancolique d'une douce rêverie, doivent venir ici chercher le repos d'une heure écoulée entre les vapeurs d'un cigare parfumé et l'arôme délicieux du café.

L'homme fatigué par les travaux administratifs, par les fatigues intellectuelles, par les difficultés commerciales, oublie bien vite ici toutes ses préoccupations, et laisse en ce lieu de délices tous les soucis de sa vie de labeur.

Un peu plus loin, sur une large place, s'élève le joli hôtel du Rhône d'où l'on jouit d'une très belle vue sur la gorge du Bout-du-Monde, sur les hauteurs si fraî-

ches et si vertes de Planchanet et de Montmayen. Au fond de ce ravissant tableau apparaissent les neiges éternelles qui recouvrent les pentes des pics du Gleyzin et les beaux glaciers qui descendent dans la vallée qui aboutit au village de Pinsot.

Près de là, deux hôtels confortables, celui du Commerce et celui des Alpes, où les malades sont l'objet constant de la sollicitude de leurs propriétaires, sont également très bien situés.

La plupart des maisons d'Allevard sont transformées en appartements garnis pendant la saison des eaux. Dans les hôtels, comme dans les appartements particuliers, les soins que le baigneur y reçoit sont toujours empressés et bien compris ; l'habitude de recevoir des étrangers a rendu toute la population fort prévenante.

La forme générale de la vallée d'Allevard est celle d'un bassin profond du nord au sud, ayant 12 kilomètres d'étendue, du pied de la montagne de Sainte-Marguerite au col du Barioz, au pied des Cinq-Pointes, et une largeur de 2 kilomètres environ d'un versant à l'autre.

Le fond de cette vallée très accidentée
s'abaisse vers ses deux extrémités pour
l'écoulement des eaux du torrent de
Sailles, qui reçoit les eaux de la partie
sud de la vallée et celles du Bréda qui,
après avoir traversé la vallée de la Fer-
rière, où il reçoit toutes les eaux des
glaciers de cette haute vallée, pénètre à
Allevard en franchissant, par la cascade
si belle du Bout-du-Monde, la gorge si
profonde de ce nom. Rien n'est plus inat-
tendu que les paysages qui, de toutes
parts, forment à la vallée sa pittoresque
enceinte.

Au nord-ouest, c'est le magnifique am-
phithéâtre de Brame-Farine qui étale ses
belles pelouses et ses champs de blés
onduleux, divisés comme à plaisir par
des ravins dont les taillis touffus dissi-
mulent heureusement la profondeur. Ce
sont ces gracieux chalets à demi cachés
dans des bouquets de sapins et dissé-
minés sur la pente de la montagne. Au
sud-est, l'immense rideau des premières
montagnes alpines, moins cultivé, se
couvre d'une végétation de haute futaie
plus âpre à l'œil que les vergers et les
champs de culture, mais dont les zones

de plus en plus sombres s'harmonisent admirablement avec les rocs du Charnier et les cimes dentelées du Gleyzin qui couronnent l'horizon.

Au sud-ouest, la vallée se termine au col du Barioz, entre les pentes si fraîches du Crêt-du-Poulet et celle des Cinq-Pointes. De ce côté, l'aspect de la vallée, plus sombre et plus sévère, ne manque pas d'une certaine harmonie.

Au nord-est, le tableau s'agrandit et se prolonge jusqu'aux nébuleuses montagnes de la Haute-Savoie aussi loin que le regard peut s'étendre.

Le fond de la vallée, où roulent avec fracas les eaux limpides du torrent, se rétrécit entre les deux pentes opposées jusqu'au pied de Sainte-Marguerite, première montagne de Savoie, dont la surface riante étale au soleil de belles prairies. Le soir, quand le soleil, descendu derrière la masse de Brame-Farine, laisse toute la vallée dans l'ombre, et qu'il éclaire encore le môle de Sainte-Marguerite et les hauteurs déchiquetées des Beauges, dernier rideau de ce magnifique paysage, c'est à cette heure qu'il faut jeter sur la toile le magique effet

de ces accidents de lumière et d'ombre,
et fixer le souvenir de ces lignes incroya-
bles dont la nature seule a le secret.
Depuis longtemps les artistes fréquentent la vallée d'Allevard pour s'inspirer
devant les sites pittoresques qui y abon-
dent, et leur pinceau ne saurait épuiser
les richesses de la nature dont le sol est
couvert.

Tel est l'aspect de la vallée dont l'ensemble ne peut être saisi d'un seul point
à cause des nombreux accidents du sol
et de la végétation, mais dont le rideau
changeant surprend les regards à chaque
pas, et laisse dans l'âme une douce émo-
tion de paix et de bonheur.

Il n'y a rien d'exagéré dans ce que
nous venons de dire sur la vallée d'Allevard, et nous ne prétendons point avoir
fait comprendre le charme des sites qu'on
y admire. Les impressions que font naître
en nous l'aspect des beautés de la nature
se sentent, mais ne se décrivent pas;
tous ceux qui ont habité ces montagnes
les aiment du fond de l'âme et les quit-
tent avec un secret désir de les revoir
encore. Au milieu d'une nature si grande,
si riche et si variée, le touriste fait une

ample moisson de souvenirs, le malade
conçoit de lui-même un espoir fondé de
retour à la santé ; il admire un séjour
que le créateur a comblé de ses dons, et
la bienfaisante action du traitement thermal, répondant à cet heureux état de
l'âme, pénètre son corps avec l'air pur
qu'il respire ; cette satisfaction intime
s'accroît de tout le bien-être physique ;
ses forces grandissent avec le besoin de
parcourir une contrée dont tout le monde
vante les merveilles, et la fin du séjour
vient trop tôt l'arracher au bonheur
d'une vie pleine d'impressions dans le
rien faire, pleine de calme dans son
activité.

ÉTABLISSEMENT THERMAL.

C'est au milieu du parc que nous avons mentionné plus haut, que se trouve l'établissement thermal, dont une des façades fait vis-à-vis à l'Hotel des Bains et au Casino, et dont l'autre regarde le jardin, et se compose d'un vaste corps de logis à deux étages, et de deux ailes en retour d'équerre. Les deux entrées ouvertes latéralement, sont reliées par une belle galerie vitrée, longue de plus de 30 mètres, large de 5 mètres et haute de 7. Cette galerie, ou salle des pas perdus, donne accès à toutes les dépendances de l'établissement.

Les cabinets de bains se trouvent au rez-de-chaussée, et s'ouvrent dans un corridor central. Ils sont au nombre de trente-trois, dont plusieurs à deux baignoires. Les cabinets sont vastes, bien éclairés, revêtus de stuc, et les baignoires sont en fonte émaillée.

Les cabinets de douches sont pourvus de tous les appareils nécessaires pour doucher les malades sous toutes les lormes, avec les procédés les plus com-

plets que fournisse la science hydrothérapique.

A la suite de ces cabinets, se trouvent
les *salles d'inhalation tiède*, qui sont af-
fectées l'une aux hommes, l'autre aux
dames. Leur atmosphère est saturée de
vapeurs sulfureuses tièdes, (27° centigrades) tenant en suspension plusieurs des
principes minéraux de la source. Un malade placé au milieu de cette atmosphère
y respire un air tiède lui fournissant à
chaque inspiration moins d'oxygène que
l'air extérieur, du gaz acide carbonique,
du gaz sulfhydrique, du soufre extrême-
ment divisé, quelques traces d'iodures et
de sels minéraux contenus dans l'eau
minérale. Pendant que les malades sé-
journent dans ces salles, les vapeurs com-
posées qui s'y trouvent associées à un air
tiède, stimulant doucement les fonctions
de la peau, modifient la nature et provoquent la guérison des maladies chroniques de ces organes. L'air y est renouvelé
et refroidi toutes les deux heures.

Les cabinets de douches pharyngiennes
sont munis d'un appareil mobile en tous
sens, et auquel on peut adapter deux

ajutages, l'un en olive en gros jet, l'autre
terminé par un orifice capillaire. Ces douches rendent de grands services dans
toutes les affections des cavités de la face,
bouche, pharynx, larynx, fosses nasales,
conduit auditif externe.

A côté de ces douches, se trouvent *les
cabinets de pulvérisation*. Ceux-ci de
création récente comblent une lacune
importante du traitement, et permettent
de porter l'eau en nature jusque sur les
parties inaccessibles aux simples douches ; ainsi le larynx, la partie supérieure de la trachée, les yeux se trouvent très-bien de l'emploi de la pulvérisation. Mais une innovation dont le
mérite revient tout entier à M. Niepce
inspecteur, c'est la pulvérisation tiède.
Pour éviter les (1) inconvénients inhé-
rents au mode de pulvérisation obtenue
par des machines à compression de l'air,
qui ne fournissent que de la poussière
d'eau froide, et qui, au lieu de guérir les
affections de la gorge, tendent trop souvent
à les augmenter, M. Niepce a ima-

(1) Eau sulfureuse d'Allevard-Niepce, 4ᵉ éd., 1874

giné une nouvelle méthode de pulvérisations qui produit de la poussière d'eau
minérale à toutes les températures. L'appareil, basé sur le principe de physique,
utilisé par Giffard, consiste en deux tubes
de verre terminés par deux orifices capillaires, l'un vertical, l'autre horizontal, jux-
taposés perpendiculairement l'un à l'autre,
et se touchant presque par leurs extrémités
capillaires. La vapeur d'eau arrivant par le
tube horizontal au contact de l'orifice capillaire du tube vertical, fait le vide dans
ce dernier ; le liquide est projeté par la
vapeur d'eau sous forme de poussière
impalpable, à une température plus ou
moins élevée, selon que l'on s'approche
ou s'éloigne des extrémités capillaires.

Ajoutons à cette description sommaire,
la salle de *pédiluves* dont l'usage est très
fréquent comme révulsif, les cabinets de
douches ascendantes et vaginales, avec
les appareils les plus perfectionnés, la
salle d'*hydrothérapie*, avec douche en
cercle, en arrosoir, etc., la salle de
douche écossaise, où l'on peut doucher
alternativement avec l'eau sulfureuse
froide ou chaude, et qui remplit une
foule d'indications utiles chez les jeunes sujets lymphatiques ou anémiques.

Enfin, arrivons à la grande spécialité d'Allevard, nous voulons parler des *salles d'inhalation froide.*

Pendant les premières années de son inspectorat, M. Niepce avait observé que les malades respiraient la vapeur des bains dans la galerie, et était resté frappé des résultats et des modifications rapides obtenus. Il imagina alors une salle où les malades pourraient venir respirer l'air médicamenteux sans se déshabiller, à la température de l'air extérieur.

Dès lors était découvert ce nouveau mode de traitement dont le mérite revient tout entier à l'observation habile et à l'intelligente initiative de M. Niepce. C'est la meilleure application des eaux sulfureuses, et on n'a pas lieu de s'étonner qu'elle se soit si bien vulgarisée, mais si son emploi ne s'est pas répandu auprès de certaines autres sources, c'est qu'à Allevard seulement la composition chimique de l'eau le permet. L'analyse de cette eau donne pour un litre :

Gaz acide sulfhydrique libre 24.75
Gaz acide carbonique 97.00
Azote... .... 44.00

Il n'y a donc que des gaz libres, tenus en suspension dans l'eau, tandis qu'ailleurs les eaux sont *sulfurées* par le sulfure de sodium ou de calcium, etc., et ne sauraient ainsi être employées à l'inhalation froide.

Un bâtiment spécial renferme les salles d'inhalation ; elles sont au nombre de 7 ; elles ont 5 m. 70 de longueur, 7 m. de largeur sur 6 m. de hauteur ; les croisées ont 3 m. 50 de hauteur, afin de faciliter le renouvellement de l'air. Chaque salle peut contenir 50 malades, et offre une capacité de 250 mètres cubes. — L'air est renouvelé très fréquemment, et toutes les conditions hygiéniques sont remplies. Au milieu de chacune des salles, se trouve une grande vasque élevée de 1 m. 30 du sol, surmontée de plusieurs autres vasques superposées et de plus en plus petites à mesure qu'elles s'élèvent. Du centre de la plus élevée s'élance un jet qui va se briser sur un chapiteau au plafond, et retombe très divisé dans un bassin supérieur dont le trop plein se partage et se pulvérise, en se déversant sur les vasques superposées, pour être entraîné au dehors ; au moment où l'eau va être

entrainée, elle a laissé à l'air 95 0/0 de
son hydrogène sulfuré ; aussi une pièce
d'argent dans la salle devient noire en dix
minutes. Les malades aspirent cet air,
en causant, en lisant, etc., tout en y faisant un séjour dont la durée prescrite
rigoureusement par le médecin ne saurait
être que courte au début, quelques minutes à différents intervalles de la journée, et à jeun.

La principale *buvette* est située à la
source même, à trois cents mètres de
l'établissement, sur le bord du torrent.
L'eau est puisée par quatre pompes as-
pirantes et foulantes mises en mouvement
par une roue hydraulique, et est envoyée
à l'établissement. La source est dans le
schiste ardoisier ; sa température est de
16°7, son volume reste invariable ; cette
basse température n'est point un inconvénient ; outre qu'on peut, par des mé-
langes de lait, sirops ou infusions tièdes,
préparer un breuvage moins frais, cette
eau a encore l'avantage, à cause de sa
température basse, de pouvoir être trans-
portée sans altération, ce qui n'a pas lieu
pour les eaux sulfureuses chaudes. Chaque coup de piston donne 18 litres d'eau;

le service de l'établissement est donc largement assuré.

L'eau d'Allevard prise au robinet, dans un verre, a une odeur manifestement hépatique, d'œufs pourris, d'une saveur piquante, due à l'acide carbonique en excès, et une blancheur opaline. Celle-ci disparait peu à peu, et l'eau devient transparente par sa couche inférieure. A mesure que s'échappent les bulles de gaz, l'eau se clarifie jusqu'à sa surface, et ne donne plus à l'odorat et au goût qu'une sensation franchement sulfureuse.

Une seconde *buvette* a été installée à l'établissement thermal même, au centre du parc, pour épargner aux malades le trajet de la source. Pour conserver à l'eau a pureté et ses gaz, on a imaginé de las conduire dans des tubes de verres ; on évite ainsi toute déperdition, et c'est à peine si l'eau est un peu plus laiteuse ici qu'à la source elle même.

A cette buvette est annexée une salle de gargarismes, vaste, aérée, présentant toute la propreté et le confort désirables. On recommande aux malades de garder le liquide dans la gorge, sans l'agiter, et de baigner ses organes, pratique qui sera vite acquise, en prenant l'habitude de respirer par le nez. On peut du reste avoir des gargarismes tièdes en ajoutant à l'eau soit du lait, soit des infusions, etc.

MODES D'ADMINISTRATION ET DOSES.

Boisson. — Tous les malades boivent l'eau ; au début, pour vaincre la répulsion que l'odeur exciterait, pour graduer l'action de l'hydrogène sulfuré, il suffit de boire peu à la fois, un quart de verre au plus le matin, à jeun, et y ajouter du lait ou du sirop. On augmente peu à peu suivant la tolérance ; on boit le matin et l'après-midi, et l'on ne doit pas dépasser la dose d'un verre le matin, et de deux verres le soir. Lorsque ces précautions sont prises, dit M. Rotureau (1), les malades supportent parfaitement l'injection de l'eau sulfureuse, et celle-ci n'occasionne presque jamais d'accidents, mais lorsqu'ils veulent diriger leur cure suivant leur préjugés, il n'est pas rare d'observer des malaises souvent produits par l'exciation minérale, comme une certaine répugnance pour la boisson, de l'embarras gastrique, des formications cutanées, de la prostration suivie d'agitation pendant la nuit, de l'embarras gastrique, de

---

(1) Allevard, Dict. encycl. Tome III, 1ᵉ Série.

la diarrhée. Toutefois, il est important de noter que jamais à Allevard, on n'a remarqué des crachements de sang, ou des hémoptysies, comme cela se voit souvent ailleurs, à Eaux-Bonnes, par exemple.

Le gargarisme se fait toutes les fois qu'on va à la buvette boire l'eau ; mais il est inutile, sinon nuisible de le répéter à satiété, comme on le fait souvent. Au lieu de procurer au malade une sensation de fraîcheur sur toute la muqueuse pharyngienne, et de calmer la cuisson il provoque, lorsqu'on en abuse, de la sécheresse, et de l'irritation.

L'inhalation surtout a besoin des plus grands ménagements, et dicte au médecin et au malade la plus grande prudence. Les séances, au début, seront de courte durée, 3 à 4 minutes, et espacées d'un quart d'heure au moins, de manière à en faire 3 à 4 dans la journée seulement. Après les premières minutes, la première sensation qu'on éprouve est celle produite par l'odeur de l'hydrogène sulfuré, puis survient une sécheresse à la gorge, un léger serrement aux tempes ; ces phénomènes se dissipent de suite au grand air. Le malade s'acclimate vite : on peut

augmenter la durée du séjour ; au bout
de quelques séances, les malades dont
l'expectoration était abondante, opaque
ou purulente, voient les crachats dimi-
nuer et s'améliorer ; la toux disparaît pro-
gressivement ; la respiration devient plus
profonde, et une douce chaleur se répand
dans toute la poitrine ; les battements du
cœur sont ralentis. Mais si les séances
sont prolongées, au bien être éprouvé,
succèdent la sensation de picotement au
larynx, la toux plus fréquente, la céphalalgie, l'accélération des mouvements du
cœur et de la respiration ; on a observé
même quelquefois des hémoptysies et de
la fièvre. Mais ces troubles ne se produisent pas d'une manière constante : on
doit ne pas perdre de vue que rien n'est
absolu en thérapeutique.

Aussi plusieurs de ceux qui fréquentent
les salles d'inhalation n'éprouvent qu'une
partie des accidents dont il vient d'être
question ; d'autres ne s'aperçoivent de
rien autre chose que de l'odeur hépatique,
à laquelle ils sont habitués après quelques
minutes. Ainsi la durée maximum de chaque séance ne pourra excéder 35 minutes,
sous peine d'accidents ; on pourra répé-

ter les séances 3 à 4 fois dans la journée.

L'inhalation froide, qui constitue la spécialité sans rivale d'Allevard, est de tous les moyens de sulfuration le plus direct et le plus sûr. L'expérience a prouvé que l'air expiré contient d'autant moins d'acide carbonique que les maladies des organes respiratoires sont plus graves, et que la proportion de gaz augmente au bout de quelques jours d'un séjour peu prolongé même dans la salle d'inhalation, et cela d'autant plus que la toux et l'expectoration diminuent. Le soufre qui pénètre dans les poumons sous les deux états dans lesquels il existe dans les salles d'inhalation est entièrement absorbé pendant la première heure, à la fin de la seconde, si le traitement dure depuis plusieurs jours, l'air, expiré, les crachats même en contiennent quelques traces. C'est l'indice de la saturation minérale, et si le traitement est continué, on voit survenir des douleurs d'estomac, de l'inappétence, de l'agitation nocturne, de la fièvre. Les poumons absorbent complétement les vapeurs d'iode, et quelle que soit la durée du séjour dans les salles d'inhalation, il est impossible de reconnaître que l'air expiré dans un tube laveur, rempli d'une solution de carbonate de potasse pur, en renferme un atome.

Inhalation tiède. — On a prétendu que l'inhalation froide est sans danger, tandis que la chaude peut produire de fâcheux résultats. Il s'agit de s'entendre; et ' d'abord l'inhalation froide est celle qui se prête le plus aux abus, et qui serait bien plutôt une source de dangers. Quant à l'inhalation chaude, il faut avant tout admettre qu'elle se présente sous deux formes : l'inhalation chaude et l'inhalation tiède. La première n'existe pas à Allevard. Nous n'avons donc pas à faire son procès, mais comme divers auteurs n'ont pas suffisamment établi cette distinction, nous sommes bien forcés d'insister un peu à ce sujet.

L'inhalation chaude telle qu'on l'emploie au Mont-Dore, par exemple, n'est autre chose qu'un bain de vapeur à 40°, dans lequel l'hydrogène sulfuré disparaît en partie, tandis que l'air y est dilaté, un peu désoxygéné, et par conséquent moins propre à la respiration ; ajoutons à cela la transpiration profuse du malade con-

tinuée au lit, la perte de forces consécutive, et les menaces de congestion des
poumons ; les phtisiques ne sauraient
donc y trouver que des contre-indications.

. L'inhalation tiède, est maintenue à
une température de 26 degrés ; les gaz
contenus dans l'eau se dégagent au
moyen de vasques semblables à celles de
l'inhalation froide, et se mélangent à la
vapeur d'eau tiède qui tempère l'atmosphère de la salle ; il n'y a pas de transpiration, et un peignoir préserve de l'humidité.

L'inhalation chaude calme la toux, la
sécheresse de la gorge, modère la cuisson
qui accompagne l'aphonie dans les laryngites : elle fait disparaître rapidement la
dyspnée, les crises d'asthme, et est in-
diquée toutes les fois qu'il existe de l'acuité
dans les symptômes et de la douleur
dans les organes de la respiration ; tous
les malades qui ont de la fièvre, avec
tendance aux congestions, auxquels les
salles d'inhalation froide ne sauraient
convenir, retirent un vrai bienfait de l'inhalation tiède ; et même, ceux qui par suite
d'abus, ou par imprudence, ont eu des accidents consécutifs au séjour prolongé ou

intempestif dans les salles d'inhalation froide, voient ces symptômes s'amender à l'inhalation tiède ; à tel point que nous n'hési-
tons pas à prescrire cette dernière aux
malades qui ont des hémoptysies. C'est
aussi pour cette raison que nous pres-
crivons souvent au début, les inhalations
tièdes aux malades irritables, qui ont de
la fièvre le soir, la circulation active, et
de l'agitation nocturne,

L'on devra se borner à une seule séance
par jour, de 20 minutes au début, et portée graduellement à 40 et 60 minutes.

Les bains sont pris à une température
de 35° ou frais, de 25° à 30° ; ils sont
préparés avec l'eau sulfureuse pure, ou
mitigée d'une certaine quantité d'eau
douce, d'amidon, de son, etc., suivant
les indications ; leur durée varie de 15
ou 20 minutes à une heure, ou une heure
et demie, et il est bon de ne pas en prendre plus de 15 à 20. Il importe beaucoup
de surveiller l'action des bains, et d'en
être très sobre, sinon de les proscrire
dans les affections de poitrine. Il faut tout
au moins s'entourer des plus grandes précautions, surtout à la sortie du bain ; on
devra alors faire un exercice modéré, en

faisant à pied une courte promenade. Mais
l'inconvénient le plus grave consiste à
prendre un bain trop chaud, qui favorise
éminemment les congestions et peut avoir
des conséquences fâcheuses. Du reste,
cette médication à Allevard est réservée
plus spécialement aux sujets lymphatiques, anémiques, aux affections de la
peau, et aux manifestations de la scrofule.

Bains de pieds. Le pédiluve sulfureux
est plus qu'un simple accessoire du traitement, par son action révulsive, il aide
puissamment à la médication générale ;
pris à la température de 43° à 45°, il con-
gestionne vigoureusement les membres
inférieurs, à condition de n'avoir qu'une
durée courte, dix minutes au plus. Il pré-
vient les fluxions, la céphalalgie chez les
phtisiques, calme la toux, et décongesti-
tionne les poumons. Aussi se prescrit-il le
plus souvent après les séances d'inhalation tiède. Du reste, la plupart des malades qui toussent, ont constamment les
pieds froids, et dans ce cas, un bain de
pieds chaque jour ramène la circulation
aux extrémités, et diminue la congestion
des bronches.

Douches. Les douches sont prescrites

sous trois formes à Allevard ; douches
chaudes, douches écossaises et douches
froides ou hydrothérapiques. La douche
chaude est générale ou locale, suivant
qu'elle est administrée sur tout le corps,
ou seulement sur une partie du corps, les
membres, etc.

La douche générale d'une durée de 12
à 15 mlnutes, se prescrit d'ordinaire de
38° à 43° degrés ; elle est accompagnée
de massage, et frictions ; le malade la reçoit couché sur un lit de camp ; puis il est
emmailloté dans des couvertures de laine,
et porté au lit, où la transpiration s'achève.

Cette méthode ne s'applique qu'aux
rhumatisants, ou aux malades atteints
d'ankyloses, d'affections osseuses ; pour
lesquels la médication doit être dérivative,
stimulante et résolutive. Par contre bien
des malades s'habillent de suite, et au
lieu de transpirer au lit, vont favoriser la
réaction par une promenade à pied. La
douche locale est un adjuvant très em-
ployé à Allevard ; elle réalise ce que d'autre part on produit avec le bain de pied ;
mais elle est plus active ; elle excite la
transpiration locale, sans congestionner
la poitrine ou le cerveau.

La douche écossaise consiste dans l'alternance de jets d'eau froide et d'eau chaude, à une température que le médecin désigne, et dont il peut faire varier l'écart graduellement. Cette douche est éminemment tonique ; nous n'insisterons pas sur les effets de cette douche qui sont très connus, non plus que sur ceux de la douche froide ou hydrothérapique.

L'excitation de l'innervation, de la circulation, la stimulation de la peau, sont les effets les plus ordinaires des bains et des douches d'Allevard. Ce sont les bains et les douches qui occasionnent le plus fréquemment la saturation minérale et la poussée. Il faut se garder de les prescrire aux phtisiques. Du reste, nous faisons alterner les bains et les douches, et les succès que nous avons obtenus sont une preuve de leur action combinée.

Les *douches pharyngiennes* se prescrivent à une température variant entre 26 et 32° ; leur durée est de 20 à 30 minutes ; elles ont été créées par M. Niepce, mon père ; et ont produit de si bons résultats, que peu d'années après leur installation, la plupart des établissements thermaux adoptèrent ce système théra-

peutique. Sous l'influence de ces douches,
la muqueuse perd sa coloration lie de vin,
les granulations diminuent de volume, ne
font plus saillie à la surface, la vascula-
risation disparait ; les principaux symptômes s'améliorent ; la toux, la sécheresse, la cuisson, et surtout la sensation
de corps étranger, et le besoin de râcler,
qui est un signe presque pathognomonique
de la pharyngite chronique, ainsi que
l'expulsion pénible de mucosités gluti-
neuses qui tapissent la muqueuse surtout
le matin, et qui sont sécrétées par elle.
Les plaques muqueuses de nature spécifique, les granulations qui s'étendent
jusqu'à la trompe d'Eustache, et provoquent des bourdonnements d'oreille et
même du la surdité, toutes ces lésions sont
guéries par l'emploi des douches pharyngiennes.

Les douches pulvérisées sont réservées
pour les affections subaiguës des fosses
nasales, de la face, des yeux, de la bouche,
du pharynx et du larynx surtout. Elles
sont d'autant plus chaudes qu'on se
rapproche davantage de l'appareil : la
durée prescrite est de 20 à 30 minutes.
La poussière d'eau pénètre jusque sur le

larynx, et peut-être plus loin quand le malade a soin de faire de fortes inspira-rations. C'est un excellent moyen qui s'adresse particulièrement à toutes les affections du larynx et de la trachée. La sensation éprouvée par le malade est une sensation de fraîcheur, de calme, et de bien-être : la cuisson et le chatouillement qui proviennent de l'inflammation de la muqueuse et qui provoquent des accès de toux très-pénibles sont singulièrement soulagés par ce moyen.

INDICATIONS PRINCIPALES.

Nous ne voulons pas prendre part au débat qui s'agite en ce moment au sein de plusieurs sociétés savantes, sur la véritable nature de la tuberculose ; ces discussions pleines d'une savante érudition, et d'une profonde observation clinique, ne sauraient actuellement trouver dans des conclusions prématurées, la justification des faits. Il est certain qu'entre la scrofulose et la tuberculose les liens de parenté sont étroits et nombreux ; mais si la scrofule est souvent mère de la tuberculose, celle-ci, par contre, a souvent aussi germé sur un terrain solide et parfaitement sain. Quoiqu'il en soit, Allevard, par la constitution minérale de ses eaux, riches en chlorure, tient une place très importante dans le traitement de la tuberculose, et aussi, disons-le bien vite, dans toutes les manifestations du lymphatisme et de la scrofule. Ce serait peut-être encore là un argument en faveur de la théorie soutenue par MM. Cadet de Gassicourt, Labée, etc., on pourrait y voir les manifestations d'une même cause. En effet, les eaux d'Allevard sont utiles surtout dans les affections des voies respiratoires, la phtisie, entre autres. Nous allons tâcher de préciser les indications géné rales.

Les angines, les pharyngites, les laryngites, les pneumonies, les pleurésies à l'état chronique, sont très-souvent guéries à Allevard. Lorsque ces affections, sont liées en lymphatisme, ou à la scrofule, ou bien dépendent de la diathèse syphilitique, ou encore alternent avec des manifestations cutanées de nature herpétique elles rétrogradent souvent très vite. Quand la peau vient à cesser ses fonctions, ou qu'elle se trouve modifiée dans son état physiologique, les muqueuses deviennent plus actives, et peuvent présenter consécutivement tous les degrés de l'inflammation depuis la simple fluxion, jusqu'aux phlegmasies chroniques. C'est ainsi que le refroidissement, la disparition subite d'un exanthème cutané, la suppression des sueurs déterminent très promptement l'inflammation des muqueuses. De toutes les muqueuses, aucune ne se trouve plus influencée que celle des voies aériennes par les changements qui viennent à la peau. Une action inverse a lieu, lorsque, par l'application d'un révulsif cutané, par exemple, la peau est irritée, l'état inflammatoire de la muqueuse respiratoire s'amende, et diminue.

Outre ces affections des voies aériennes liées à l'herpétisme, dont le contingent est considérable à Allevard, nous y voyons, les autres affections diathésiques ; en première ligne celles de nature scrofuleuse qui y trouvent une indication primordiale, et pour lesquelles on peut compter presque toujours sur des succès ; dans cette classe nous mentionnerons spécialement la phtisie liée à la scrofule, qui nous a donné de nombreux cas de guérison ; car il est certain que celle-ci, avec son processus lent, guérit beaucoup mieux que la phtisie avec éréthisme, et à marche rapide. Cependant ces derniers symptômes ne constituent pas une contre-indication, comme nous le verrons plus loin. Les affections bronchiques de nature rhumatismale trouvent aussi dans notre eau sulfureuse une précieuse médication, toujours efficace. Les autres phlegmasies chroniques, consécutives à des inflammations aiguës, sans diathèse, guérissent aussi bien à Allevard.

Ce que nous venons de dire en général sur les inflammatious chroniques des voies aériennes, peut s'étendre à toutes les affections des voies respiratoires, depuis le coryza, la laryngite jusqu'à la bronchite, la pneumonie mal résolue et la phtisie. Le mode d'application des eaux seul varie. Ainsi donc : trois causes générales, ou diathèses : *scrofule*, *herpétisme*, *arthritis*.

La *scrofule*, depuis ses simples manifestations cutanées, et glandulaires, jusqu'à la phtisie, si tant est que la phtisie ne soit pas toujours scrofuleuse, est une des premières indications en faveur d'Allevard.

L'herpétisme, caractérisé par l'atternance fréquente de dartres et de catarrhes, un véritable antagonisme entre la peau et les muqueuses qui sont solidaires, nous offre toute une classe de malades, souffrant les uns de pharyngite granuleuse avec pithyriasis capitis, de coryzas, de catarrhe bronchique, de laryngites, les autres d'asthmes, d'affections intestinales avec diarrhée ou dyspepsie.

L'arthritis, avec ses mouvements fluxionnaires brusques, ses répétitions, ses rechutes, retentit souvent sur l'appareil respiratoire; mais nous devons ajouter qu'il ne nous a jamais été donné de trouver le signe, que notre honorable confrère, inspecteur à St-Honoré, M. Colin, a voulu ériger en signe pathognomonique; nous voulons parler du *froissement arthritique* qu'il a signalé chez les malades atteints de pneumonie arthritique. Ce n'est pas à dire pour cela, que nous voulions rejeter ce symptôme, mais nous attendons que l'observation plus complète, se prononce à ce sujet.

Enfin *la syphilis* avec ses manifestations cutanées et viscérales, polymorphes, avec sa marche lente, souvent latente, fournit une clinique intéressante à Allevard, non seulement pour les dermatoses, mais surtout pour les lésions spécifiques qu'elle engendre à la surface des muqueuses, principalement buccales, nasopharyngiennes et laryngiennes. Les laryngites syphilitiques sont très nombreuses à Allevard, et le laryngoscope a ouvert un horizon tout nouveau pour le diagnostic et le traitement de ces affections. Enfin, non-seulement les eaux d'Allevard modifient une syphilis larvée, en décèlent la présence, mais guérissent les syphilides cutanées, et les lésions spécifiques des voies aériennes supérieures.

4

EMPLOI THÉRAPEUTIQUE.

La boisson d'eau sulfureuse est la médication commune à tous les malades ; à doses fractionnées et par intervalles, à jeun. Il ne faut pas oublier que les doses faibles sont toujours mieux supportées, et produisent toujours un bon résultat ; seules, les personnes atteintes d'affections du foie et de l'estomac devront s'en abstenir, ou en boire avec parcimonie. Dans la laryngite chronique avec aphonie et vive cuisson de la gorge, l'eau devra être additionnée de sirop ou d'une infusion chaude.

Le gargarisme est surtout indiqué dans les pharyngites, les angines granuleuses, les laryngites chroniques ; il sera presque toujours pris tiède, et consistera dans un bain local qui détergera toutes les parties malades. Il sera combiné avec le *reniflement* lorsque les malades sont atteints de rhinite postérieure, avec écoulement épais, et gonflement de la muqueuse pituitaire et palatine.

L'inhalation froide convient à toutes les affections des voies respiratoires, pourvu qu'il y ait absence complète d'état tant soit peu aigu et de fièvre.

L'inhalation tiède est plus utile chez les fébricitants, chez les malades qui ont de l'agitation nocturne, de la toux sèche, qui sont atteints de phtisie avec tendance aux hémoptysie, de laryngite chronique. La bronchite aiguë, le rhume vulgaire, l'enrouement, l'aphonie passagère, succédant à l'impression du froid sont promptement améliorés et guéris par ces inhalations. L'asthme, accompagné de bronchite ou non, lors même que ses paroxysmes reviennent fréquemment, est promptement soulagé. La respiration devient plus libre, la toux plus rare, et l'expectoration plus facile; le spasme respiratoire se calme, puis peu à peu les accès deviennent moins fréquents, la respiration plus régulière, moins saccadée. Les crises s'éloignent et bientôt disparaissent; l'asthme guérit donc aussi bien à Allevard qu'au Mont-Dore ou ailleurs. C'est ce que nous avons déjà essayé de démontrer dans une communication faite à la Société des sciences médicales de Lyon, en 1879 (1).

(1) *Lyon-Médical*, 1879.

Bains. Les affections de la peau, de nature herpétique ou scrofuleuse, eczéma, lichen, psoriasis, etc., les syphilides, réclament l'usage des bains ; il en est de même lorsqu'on veut rappeler à la peau une éruption disparue, qui a fait place à une bronchite, à une laryngite, à l'asthme, ou à toute autre complication du côté des voies respiratoires. Dès que l'affection cutanée est revenue, le malade doit cesser le traitement par les bains, se rendre pendant quelques jours aux salles d'inhalation et retourner chez lui, en évitant de se débarrasser d'une dermatose nécessaire.

La balnéothérapie convient aussi aux lymphatiques, atteints d'anémie, et aux enfants débiles ; les plaies, les affections articulaires, les lésions osseuses trouveront dans cette médication un puissant moyen de guérison. Les bains ne doivent être conseillés aux phtisiques qu'avec les plus grands ménagements, pour éviter toute espèce de congestion, qui nuirait au but proposé ; les asthmatiques, les malades atteints d'affections du cœur et des gros vaisseaux ne peuvent supporter les bains, à cause du poids de l'eau qui

augmente la dyspnée, et de la température qui produit une excitation fâ-
cheuse.

Les bains de pieds, constituent à Allevard une médication révulsive très em-
ployée ; toutes les affections des voies
respiratoires, y trouvent un adjuvant des
plus précieux. Ils décongestionnent les
bronches, ramènent aux extrémités le
sang qui se porte vers les parties molles,
combattent la céphalalgie. Leur seule
contre indication serait la présence de
varices, ou la disposition aux métror-
rhagies.

Les douches générales s'adressent plus
particulièrement aux rhumatisants, aux
malades dont la peau a besoin d'une vive
excitation, mais doivent être proscrites
chez les phtisiques, les sujets disposés
aux congestions.

Il n'en est pas de même des *douches
locales* qui agissent au même titre que les
bains de pieds, tout en ne provoquant pas
une révulsion aussi énergique, et en ne
prédisposant pas aux sueurs.

Les douches écossaisses sont réservées
aux anémiques, aux strumeux, aux jeunes

sujets atteints de chorée ou de névroses apyrétiques.

Les douches froides sont d'un grand secours pour les malades nerveux, pour les affections qui réclament l'hydrothérapie.

Les douches pharyngiennes produisent les meilleurs résultats dans la pharyngite, les coryzas chroniques, les affections du nez, des yeux, des oreilles ; l'angine des fumeurs si rebelle, compte de nombreux succès.

Les douches pulvérisées tièdes conviennent aux laryngites, aux phtisiques, aux malades atteints de pharyngites aiguës et irritables, aux affections de la face, des organes des sens.

BAINS DE PETIT LAIT.

Un pays où les pâturages sont aussi riches et abondants qu'Allevard , où de nombreux troupeaux de vaches vont passer la saison d'été sur les hautes montagnes voisines, doit nécessairement fournir des quantités de lait excellent. Il n'est donc pas étonnant qu'on ait songé à créer dans ce pays une installation de bains de petit-lait. Ceux-ci sont non seulemement des accessoires du traitement thermal, mais constituent aussi une médication spéciale pour les affections du cœur, les névroses graves, les éréthismes nerveux, l'insomnie, etc.

Le bain de petit-lait pur est sédatif ; il calme la peau et toutes les fonctions. Il diminue les contractions du cœur , l'anxiété de la respiration, ralentit le pouls d'une façon souvent considérable, calme les démangeaisons extrêmes qui accompagnent les affections de la peau, et laisse une sensation de fraîcheur et de bien-être général. Cette action générale ne trouve pas encore d'explication dans la science, mais elle est incontestable, et pour ainsi dire constante. Les bains de petit-lait sont pris tous les jours ; leur durée est de une heure, une heure et demie, et même deux heures ; leur température doit être fraîche et ne pas dépasser 34 à 35° degrés centigrades.

HYGIÈNE THERMALE.

Les eaux d'Allevard, comme toutes les eaux sulfureuses activés, ne doivent pas être prises à la légère ; l'inspiration personnelle et la routine vulgaire et aveugle que bien des malades acceptent seules pour guides, ne peuvent être que nuisibles. Que de fois, avons-nous été témoins d'accidents graves chez des malades qui avaient voulu se traiter eux-mêmes ! Nous ne saurions trop protester contre l'abus, poussé souvent jusqu'au danger. La boisson, les inhalations, les bains pris sans mesure, sans prudence ! Nous voyons chaque année des malades boire de l'eau jusqu'à la dose inouïe de 12 à 14 verres par jour ; aussi surviennent des accidents cholériformes, une véritable gastro-entérite, avec diarrhée verte, puis noirâtre, et un état général grave au point de faire craindre pour les jours du malade.

Les inhalations ne sont pas moins nuisibles lorsque le nombre et la durée des séances dépassent les doses thérapeutiques. Ce sont surtout les froides dont on abuse. Bien des malades ne craignent pas de faire des séances de 45 minutes consécutives, dans les salles d'inhalation froide, et cela à 7 ou 8 reprises dans la journée ; il y en a même qui n'en sortiraient pas, n'était le règlement d'hygiène qui préside à l'ouverture et à la fermeture des salles toutes les heures, pour renouveler l'aération. On ne saurait trop s'élever contre de telles imprudences, qui ont pour conséquence la douleur de tête, la congestion du poumon, la fièvre, l'augmentation de la toux et même des hémoptysies quelquefois graves. Le médecin lui-même se heurte souvent à cette idée préconçue du malade, à ce préjugé, en vertu duquel il est convaincu que plus il boira, plus *il inhalera*, plus il gagnera du temps, et accélérera sa guérison.

C'est surtout ici qu'on peut dire, le mieux est l'ennemi du bien.

Nous n'insisterons pas davantage sur les abus qu'engendre le caprice des malades ; les pulvérisations , les douches pharyngiennes prises pendant des heures entières, et qui produisent des résultats tout à fait opposés à ceux qu'on attendrait d'une cure rationnelle et prudente. La multiplicité des moyens balnéaires, qui

par leur combinaison occupe le malade
du matin au soir, lui laissant à peine la
place des repas ; la douche, le bain, et
quelquefois même le bain de vapeur pris
consécutivement ne peuvent que se dé-
truire, et amener promptement le malade
à la saturation, sinon à de sérieuses com-
plications.

La durée de la cure elle-même n'est-
elle pas des plus arbitraires ? Pourquoi
ce préjugé aussi vieux que ridicule des
vingt-et-un jours ? De toute part, on pro-
teste là-contre, et il est temps de revenir
à une plus saine appréciation de cette durée. A côté de malades qui, souvent par
économie, ne craignent pas de multiplier
chaque jour les diverses pratiques balnéaires, pour gagner du temps, mais qui
ne font que perdre celui-ci et leur santé,
à côté des malades qui, tout en se con-
formant fidèlement aux prescriptions médicales, ne viennent à Allevard que pour
passer 10 à 12 jours, il y a aussi les
malades qui ne savent s'arrêter à temps,
et qui, souvent très mauvais juges de
l'amélioration d'organes qui échappent à
leur contrôle, continuent quand même
une cure déjà trop longue.

Nous sommes loin de protester cependant contre les longs traitements, mais il faut alors des intervalles de repos. Du reste, pour peu que nos malades soient sérieusement atteints, les phtisiques qui ont de la fièvre, et de la prostration des forces, par exemple, devront tous les 5 à 6 jours prendre un repos d'une journée, ils arriveront ainsi sans phénomène d'excitation à la fin de leur traitement, et l'auront supporté sans fatigue. Quelques familles passent tout l'été à Allevard ; nous faisons faire aux malades dans ces cas des cures partielles à deux ou trois reprises. D'ailleurs, on a reconnu et l'expérience a confirmé depuis longtemps l'utilité pour certains malades de deux cures pendant la même saison ; l'une se fait au mois de juin, puis le malade retourne chez lui, pour nous revenir vers la fin d'août, et compléter sa première cure. Cette habitude de deux cures consécutives tend à se généraliser, et nous ne saurions trop l'approuver. Ainsi donc autant il est urgent de s'élever contre le traitement thermal trop prolongé et trop actif, autant il faut encourager les malades qui, fidèles aux prescriptions, usent

avec réserve et modération de nos eaux.
Il ne faut pas oublier que toutes les eaux
minérales exigent beaucoup de prudence
dans leur emploi ; à plus forte raison les
sulfureuses, qui s'adressent à une classe
de maladies graves et sujettes aux compli-
cations.

Il est impossible de fixer la durée de
la saison ; en cela le médecin prendra
pour guide les forces de son malade aux-
quelles il proportionne le traitement, et
s'appuiera sur les modifications bonnes
ou mauvaises pour continuer ou suspen-
dre la cure. Donc rien de plus contingent,
de plus personnel. Les enfants surtout,
les jeunes filles devront être soumis à
une surveillance spéciale.

Une fois la cure terminée, l'effet des
eaux ne se borne pas là ; tous les mé-
decins hydropathes savent que celui-ci se
prolonge encore après le départ des eaux;
ce fait est d'observation journalière à Al-
lévard.

Chaque année des malades nous écri-
vent un mois ou deux après leur départ,
pour nous annoncer avec une grande joie
une amélioration, une guérison certaine
et d'autant plus inespérée que ces mala-

des n'avaient pas toujours bien supporté le traitement,

Si l'hygiène est de première nécessité pendant la cure, on ne devra pas moins l'appliquer rigoureusement une fois loin des eaux. C'est ainsi que les promenades, les exercices violents, les fatigues de toutes sortes seront sérieusement défendus ; les aliments condimentés, qui réveillent la toux, les glaces qui déterminent une vive inflammation de la gorge chez les malades atteints de laryngite ou de pharyngite. Les chevaux, mulets seront interdits à bon nombre de malades ; on leur permettra alors quelques charmantes promenades en voiture dans nos environs. En un mot, toutes les causes de fatigues ou d'excitations, seront rigoureusement écartées, et le repos du corps, le calme de l'esprit seront les meilleures conditions de guérison. Il ne faut pas oublier que les malades, surtout les phtisiques, ont besoin d'une bonne aération, d'air pur d'oxygène, et notre savant et honorable confrère de Menton, M. Bennett, n'a pas hésité à ériger ces moyens en une méthode rationnelle ; il faut que la chambre du malade soit pourvue d'une cheminée et que les fenêtres soient entr'ouvertes jour et nuit, si le temps le permet.

———

DU TRAITEMENT SPÉCIAL DE QUELQUES AFFECTIONS.

Les affections des bronches, et des poumons, bronchite chronique, catarrhe et emphysème, pneumonie, pleurésie, phtisie pulmonaire, asthme, toux spasmodique, reste de coqueluche, trouvent à Allevard un ensemble de moyens curatifs précieux. La boisson et l'inhalation constituent la méthode générale applicable à tous les cas. S'il n'y a plus d'état aigu, l'inhalation froide sera prescrite, par courtes séances d'abord, puis à plus haute dose ensuite ; en même temps l'usage journalier des bains de pieds très chauds et de courte durée, la douche locale sur les jambes, constitueront un excellent moyen, comme complément de la médication locale par l'inhalation. Si le malade est atteint d'asthme nerveux, de toux sèche ; si le phtisique est disposé aux congestions, avec fièvre, expectoration pénible, les inhalations tièdes devront seules être prescrites, en même temps que la médication révulsive. Une seule contre indication de l'usage des inhalations tièdes consiste dans la présence des sueurs nocturnes qui pourraient être augmentées par ces inhalations ; il faudrait alors recommander les inhalations froides, mais de très courte durée. Il ne faudra pas perdre de vue l'utilité de l'emploi des moyens fournis par la médecine, tels que les calmants, les injections sous-cutanées d'eau de laurier-cerise, de chlorydrate de morphine qui calment la toux, rendent le sommeil aux malades, et surtout soulagent beaucoup l'oppression ou dyspnée.

Les pharyngites, et les affections chroniques de la bouche et des fosses nasales réclameront spécialement l'usage du gargarisme, de la douche pharyngienne, de l'injection naso-pharyngienne à grand courant, sans négliger l'inhalation et les moyens révulsifs, tels que la douche locale, générale, le bain de vapeur avec sudation consécutive.

Les laryngites, l'aphonie, l'enrouement demandent plus de ménagement. Les inhalations chaudes seront prescrites d'abord, ainsi que les pédiluves, les gargarismes ; plus tard, on pourra conseiller les inhalations froides, lorsque le malade n'éprouvera plus le picotement, la cuis-

2

son qui accompagnent toujours cette affection. La phtisie laryngée dont le pronostic est plus grave, par suite de la généralisation tuberculeuse, devra être surveillée attentivement. L'examen laryngoscopique fréquemment répété, les attouchements au moyen du nitrate d'argent, de la teinture d'iode, seront un adjuvant puissant du traitement thermal. Les inhalations chaudes, alternées avec les pulvérisations tièdes apporteront vite un soulagement au malade, et la sécrétion purulente se modifiera promptement, ainsi que les ulcérations dont la muqueuse est le siège.

Les ulcérations de nature spécifique seront également traitées par les cautérisations, aidées de l'iodure de potassium, dont l'eau sulfureuse facilite singulièrement la tolérance, en en rendant l'élimination plus prompte.

Les affections herpétiques, les maladies de la peau passées à l'état chronique, si elles sont liées à des lésions des muqueuses respiratoires, demandent plus spécialement un traitement général dont les grands bains, les douches chaudes, combinés avec le traitement local des inhalations, feront les frais.

On a contesté l'efficacité des eaux d'Allevard dans les affections de la peau, l'eczéma, le psoriasis, etc, sous prétexte que le traitement est trop actif. Mais les succès obtenus chaque saison donnent un démenti formel à cette assertion. Nous pourrions citer des exemples nombreux relevés dans notre clientèle, entre autres celui d'un malade affecté d'eczéma chronique généralisé, qui a guéri en 5 semaines, au moyen des bains d'abord mitigés d'eau douce, et additionnés d'amidon, ou de son, de lotions avec la même eau, puis de bains sans mélange, le tout associé à des purgations répétées, et à l'usage interne du petit-lait. En très peu de temps le pourit a disparu ; puis les vésicules et la rougeur de la peau ont diminué, et le malade est parti complétement guéri.

La chloro-anémie, le lymphatisme, les plaies, et ulcérations chroniques, les affections des os sont améliorées par les bains sulfureux, à Allevard, comme ailleurs. La chloro-anémie et les névroses qui la compliquent réclament plus particulièrement l'emploi des douches écossaises, dont l'écart des températures est augmenté graduellement ; on peut faire alterner ces douches avec les bains, ou la douche hydrothérapique.

Enfin les affections rhumatismales, les affections saturnines chroniques comptent de nombreux succès grâce aux bains et aux douches qui modifient puissamment la peau, et rétablissent ses fonctions perverties.

Il nous est impossible de nous étendre davantage sur les maladies traitées à Allevard ; ce cadre beaucoup trop vaste dépasserait les limites que nous nous sommes imposées. Du reste, les grands traits seuls peuvent être esquissés ; des affections si nombreuses et si variées réclament des moyens multiples. Selon que tel ou tel symptôme prédomine, la médication sera modifiée ; on conçoit qu'une médication uniforme ne saurait être tracée que d'une façon tout-à-fait générale. Il faut tenir compte de l'état général du malade, de ses antécédents morbides, de ses forces, de la forme de son affection, etc. En un mot, à Allevard, le médecin, plus qu'ailleurs peut-être, doit surveiller son malade, diriger sa cure.

L'étude clinique des eaux d'Allevard
exige une longue observation des faits ;
ceux-ci ont été exposés avec une grande
compétence par M. Niepce, mon père.

D'autres travaux de nos confrères ont
éclairé la question. Nous nous proposons
aussi, pour notre modeste part, de continuer cette étude à laquelle nous serons
heureux d'apporter notre tribut et le fruit
de notre expérience, en nous consacrant
désormais à elle.

Grenoble, imp. Maisonville et fils.